CHINESE ARCHITECTURE,

Civil and *Ornamental.*

Being a Large

COLLECTION

OF THE

Most Elegant and Useful Designs of PLANS and ELEVATIONS, Etc.

FROM THE

Imperial Retreat to the Smallest *Ornamental Building* in *CHINA.*

Likewise their

MARINE SUBJECTS.

中国建筑

［英］保罗·达克　著

Paul Decker

上海古籍出版社

SHANGHAI CHINESE CLASSICS PUBLISHING HOUSE

Selection of Rare Books from Bibliotheca Zi-ka-wei

徐家汇藏书楼珍稀文献选刊

徐锦华　主编

本书系国家社科基金重大项目
"徐家汇藏书楼珍稀文献整理与研究"
（项目批准号：18ZDA179）成果之一

总　序

董少新

文化交流是双向的，这是文化交流史研究的基本共识。但同时我们也必须认识到，在特定的历史时期，文化交流往往是不平衡的。这种不平衡体现在多个方面，其中就包括文化交流双方输入和输出的文化、知识、思想和物质产品等的数量不平衡，也包括己方文化对对方的影响程度不平衡。研究文化交流的这种不平衡性，考察特定历史时期文化交流双方输出和引进对方文化的数量及影响程度的差异，具有重要的学术意义。这样的研究可以在横向对比中为我们评估双方社会的发展程度、开放与包容性、对外来文化的态度、发展趋势及其原因等问题提供重要的参考。

16世纪以后的中西文化交流是人类历史上最伟大的文化交流之一。它不仅对双方造成了深刻的影响，而且一定程度上也促进了人类的近代化进程。对这一时期的中西文化交流史的研究，中外学界已有的成果可谓汗牛充栋。对前人研究略加梳理我们便不难发现，已有成果中更多的是研究西方文化东渐及其对中国的影响，而对中国文化西传欧洲的历史，尤其是中国文化在欧洲的影响史，虽然也有不少研究，但整体而言仍是远远不够的。这便给我们

造成这样一种印象，认为西方先进的科技文化对中国造成了深远影响，而中国落后的农耕文化对西方的输出和影响十分有限；西方带动并主导了近代化进程，中国一度因为闭关锁国而错失了跟上先进的西欧发展步伐，最后不得不在西方的坚船利炮压力下才被迫打开国门，进入世界。导致这样的认知状况的原因很多，也很复杂，其中的一个重要原因是后见之明的影响，即用19世纪中西关系的经验来涵括整个16-20世纪中西关系史。如果我们以公元1800年为大约的分界线，将16世纪以来的中西关系史分为前后两个时期，那么不难看出，很多以往的观点和印象对16-18世纪的中西关系史并不适用，有的甚至是截然相反。

耿昇在法国学者毕诺（Virgile Pinot）《中国对法国哲学思想形成的影响》中译本"译者的话"中说："提起中西哲学思想和科学文化的交流，人们会情不自禁地想到西方对中国的影响。但在17-18世纪，中国对西方的影响可能要比西方对中国的影响大，这一点却很少有人提到。"在17-18世纪，到底是中国对西方的影响大，还是西方对中国的影响大？这是一个很值得思考并需要从多个角度加以回答的问题。

　　相关文献的数量或许是回答此问题的重要维度。就我个人的研究经验和观察而言，这一时期有关中国的西文文献的数量，要远远超过有关欧洲的中文文献数量。来华的西洋传教士、商人、使节和旅行家根据自己的所见所闻、亲身经历甚至中国典籍，用欧洲文字书写了数量庞大的书信、报告、著作和其他档案资料，绝大部分都被寄送或携带至欧洲，从而将丰富的中国信息传回了欧洲。这一时期曾到过中国的欧洲人数以万计，仅天主教传教士便有千余人，其中不乏长期在华、精通中文者。这些西方人是这一时期中西文化交流的主要媒介，其数量远超曾到过欧洲的中国人，而且黄嘉略、沈福宗、胡若望、黄遏东等少数去过欧洲的中国人，其主要扮演的角色和发挥的作用也是向欧洲传播中国文化和知识。来华传教士，尤其是实行适应性传教策略的耶稣会士，的确用中文翻译、撰写了数百部西学作品，但是数量上远不及他们以西文书写的介绍中国的书信、著作、报告乃至图册。也就是说，这一时期传入欧洲的中国知识和信息远多于传入中国的欧洲知识和信息。如果将带有丰富文化、艺术信息的瓷器、漆器、丝织品、外销画、壁纸、扇子等物质文化商品也考虑进来，中西文化交流在数量上的差距便更

为明显，毕竟这一时期欧洲商人带入中国的作为商品的物质文化数量是相当有限的。

　　另一方面，17-18 世纪欧洲的知识界根据来华传教士和商人带回的中国信息、知识而撰写的文章、小册子和书籍，其数量更远远超过中国知识界根据来华传教士和商人带至中国的欧洲信息、知识而撰写的作品。1587 年出版的门多萨（Juan Gonsales de Mendoza）《中华大帝国史》（Historia del Gran Reino de la China）在欧洲被翻译成多种文字并一版再版，同时期没有一部有关欧洲的中国学者的作品出现；1735 年出版的杜赫德（Jean Baptiste du Halde）《中华帝国全志》（Description géographique, historique, chronologique, politique et physique de l'Empire de la Chine et de la Tartarie chinoise）同样在欧洲广为流传，但同时期并没有一部中国学者的作品可与其相提并论，即便魏源的《海国图志》或可与之相比，其出版时间也已晚于《中华帝国全志》一个多世纪。从这个角度来看，中国知识和文化在欧洲的影响要远大于欧洲知识和文化在中国的影响。这一点还可以从欧洲盛行一个世纪的"中国风"以及一批启蒙思想家对中国文化的讨

论中看出，而这一时期传入中国的欧洲艺术主要局限于清宫之中，从黄宗羲、顾炎武、王夫之到钱大昕、阎若璩、戴震等清代主流学界到底受到西学何种程度的影响，也还是不甚明了的问题。

当然，仅从文献数量来论证中国对欧洲有更大的影响并不充分。关于 16-18 世纪中国文化在欧洲的传播和影响，一个多世纪以来欧美学界有过不少专门的研究，如艾田蒲（Rene Etiemble）《中国之欧洲》、毕诺《中国对法国哲学思想形成的影响》和拉赫（Donald F. Lach）《欧洲形成中的亚洲》等。这些著作对打破欧洲中心主义的偏见发挥了重要作用，但我们也必须看到，这些著作在欧美学术界是边缘而非主流。在"正统"的欧洲近代史叙述中，欧洲所取得的成就是欧洲人的成就，是欧洲人对人类的贡献，是欧洲自古希腊、罗马时代以来发展的必然结果，包括中国在内的非欧洲世界的贡献及其对欧洲的影响几乎被完全忽视了。

中国学界方面，早在 20 世纪 30-40 年代，钱锺书、陈受颐、范存忠、朱谦之等学者便对中国文化在欧洲（尤其是英国）的传播和影响作了开拓性的研究。

但此后中国学界对该问题的研究中断了较长的时间，直到 20 世纪 90 年代以来才重新受到学界的重视，出现了谈敏《法国重农学派学说的中国渊源》、孟华《伏尔泰与孔子》、许明龙《欧洲十八世纪中国热》、张西平《儒学西传欧洲研究导论：16-18 世纪中学西传的轨迹与影响》、吴莉苇《当诺亚方舟遭遇伏羲神农：启蒙时代欧洲的中国上古史论争》、詹向红和张成权合著《中国文化在德国：从莱布尼茨时代到布莱希特时代》等一系列著作。但这些研究主要集中于中国文化对英、法、德三国启蒙思想家的影响，至于中国知识、思想、文化、物质文明、技术、制度等在整个欧洲的传播和影响这个大问题，仍有太多问题和方面未被触及，或者说研究得远非充分。例如，包括中国在内的非欧洲世界的传统知识、技术对欧洲近代科技发展有何种程度的影响？中国、日本、印度、土耳其乃至美洲的物质文化对欧洲社会风尚、习俗、日常生活的变迁起到了什么样的作用？近代欧洲逐渐形成的世俗化、宗教包容性、民主制度除了纵向地从欧洲历史上寻找根源之外，是否也存在横向的全球非欧洲区域的影响？世界近代化进程中，包括中国在内的非欧洲世界以何种方式发挥了怎样的作用？

　　对于这些问题的研究和讨论，首要的是掌握和分析 16 世纪以来欧洲向海外扩张过程中所形成的海量以欧洲语言书写的文献资料，其中就包括来华欧洲人所撰写的有关中国的文献，和未曾来华的欧洲人基于传至欧洲的中国信息和知识写成的西文中国文献。在这方面，西方学者比中国学者更有语言和文献学优势，在文献收集方面也拥有更为便利的条件。中国学界若要在中国文化西传欧洲及其影响问题上与欧美学界开展平等对话，乃至能够有所超越，必须首先在语言能力和文献掌握程度上接近或达到欧美学者的同等水准。实现这一目标极为不易，但近些年中国学界出现的一些可喜的变化，使我们对这一目标的实现充满期待，这些变化包括：第一，中西学界的交流越来越频繁和深入；第二，越来越多的年轻学者有留学欧美的经历，掌握一种乃至多种欧洲语言，并对近代欧洲文献有一定程度的了解，具备利用原始文献开展具体问题研究的能力；第三，中国学界、馆藏界和出版界积极推动与中国有关的

西文文献的翻译出版，甚至原版影印出版。

　　上海图书馆徐家汇藏书楼拥有丰富的西文文献馆藏，不仅包括法国耶稣会的旧藏，而且包括近些年购入的瑞典汉学家罗闻达（Björn Löwendahl）藏书。徐家汇藏书楼计划从其馆藏中挑选一批珍贵的西文中国文献影印出版，以方便中国学界的使用。第一批出版的《中国植物志》《中华和印度植物图谱》《中国昆虫志》《中国的建筑、家具、服饰、机械和器皿之设计》《中国建筑》《中国服饰》均为 17-19 世纪初中西文化交流的重要文本或图册，是研究中国传统动植物知识、建筑、服饰、家具设计等在欧洲的传播和影响的第一手资料。这批西文文献，以及徐家汇藏书楼所藏的其他珍稀西文文献的陆续出版，无疑将推动中国学界在中学西传、中国文化对欧洲的影响等方面的研究。

（作者为复旦大学文史研究院研究员，博士生导师）

导　言

杨明明

这本介绍中国式建筑及装饰的图册问世于 18 世纪中期，正是欧洲"中国热"文化思潮的见证。中西传统建筑文化差别巨大，中式建筑何以能在西方的异域土壤里萌芽且大放异彩呢？想要搞懂这个问题，我们就必须先了解中国建筑风尚在欧洲的起源及发展历程。

16 世纪末叶之前，中国对世界另一端的欧洲人来说尚属神秘之境。作为探索新国度的先遣队，大批西方传教士漂洋过海来华传教和生活，其致教会的书信报告及相关出版物成为欧洲人获取中国信息的重要渠道。自此，中西方文化交往如河出伏流，陌生的中国建筑形象亦开始出现在西方人视野中，如 1585 年西班牙奥斯定会士门多萨（Juan Gonsales de Mendoza）所著《中华大帝国史》（Historia del Gran Reino de la China），是西方第一本全面介绍中国的书籍，书中曾在多个章节用赞赏的语气描绘过中国宏伟的建筑，包括宫殿、居民住宅、寺庙、长城等，使西方对中国建筑有了初步模糊的认识。

到了 17-18 世纪，中西贸易日益频繁，中国外销瓷器、丝织品、家具等不断涌入欧洲上流社会，

对中国商品的热情及对中国文化的崇尚首先在法国宫廷达到高潮，后蔓延到英、德等国，欧洲广泛兴起一股"中国热"风潮。传入欧洲的中国工艺品精美独特，多绘有东方图像，微缩的中式建筑装饰图案成为当时的流行元素。与此同时，更多欧洲传教士和旅行家亲历中国，除了用文字记述途中的耳闻目见，他们开始使用绘画的形式将中国面貌更形象地展现在读者眼前，插图中的建筑形态多与人物、自然景物、风俗场景融合呈现。这些文字和图案中的建筑物及装饰素材成为早期欧洲中国风设计的主要参考和模仿对象。且随着关于东方建筑的专著相继问世，中国建筑风格及造园艺术在欧洲引起普遍关注，但由于缺乏对中国文化内在精神的理解，当时西方社会层面对其认识还基本停留在表面。

18 世纪中叶的英国，中国园林和建筑装饰风行。在厌倦了周围的一切都是有规律且对称的几何形态后，推崇自然雅趣的中国园林建筑以它的"杂乱无章"带给人直观的视觉冲击，成为建筑师的创作灵感来源。社会上一时群起效法，纷纷渴望打造一座卓异的中式园林，或在原庄园府邸里局部建置凉亭、假山、拱桥等小型中式建筑。同时，为满足群众对充满东

方异域风情的室内装潢产品的需求，工匠们大量仿制中国风艺术品及家具。中国风建筑设计样册遂接踵出版，《中国建筑》亦在此背景下应运而生。

我们手中的这本《中国建筑》（Chinese Architecture），底本为上海图书馆徐家汇藏书楼馆藏本，1759 年由作者保罗·达克（Paul Decker）于伦敦自印，首版后由亨利·帕克（Henry Parker）和伊丽莎白·巴克韦尔（Elizabeth Bakewell）等人代售。徐家汇藏书楼馆藏此书设计精美，采用二分之一小牛皮面装帧，竹节书脊烫金，贴红皮书标，封面及封底为大理石花纹硬纸板。题名页约有四分之一纸张曾被撕毁，缺失的内容后用钢笔临摹修复，标题处有原收藏者托马斯·布朗（Thomas Brown）于 1764 年手写的签名。这本图册是由保罗·达克的两本著作《中国建筑：民用与装饰》（Chinese Architecture, civil and ornamental）和《哥特式建筑与装饰》（Gothic Architecture, decorated）合订而成，可见当时建筑流行风潮转换的痕迹。整本共收录 60幅铜版画，插图层次丰富，疏密有致，配有文字说明，部分建筑插图下方标有比例尺。

其中，《中国建筑：民用与装饰》一书共收录36 幅版画，由两部分组成。第一部分含 24 幅，内容囊括单体建筑、船只、自然风光。12 幅建筑类版画中，前 11 幅呈现了各式建筑的立视图，如皇家园囿里的钓鱼台、八角重檐凉亭、运河关闸、跨河大桥、庄严宝塔等，后面一幅则绘有 4 种适用于上述大多数建筑物的平面图；船只相关共 6 幅，其中有奢华的皇家御船，也有供娱乐消遣的游船，以及用鸬鹚捕鱼的渔舟，另有一幅名为"日式驳船"；后 6 幅铜版画所绘自然景致是多用于中国丝织品和瓷器等工艺品上的图案，画中花团锦簇，山石荦确，既有男子悠闲垂钓，亦有女眷怡然赏花。第二部分的 12 幅铜版画，主要展示了中式建筑中常见的棂格装饰构造，及其在栏杆、窗棂、走廊、楼梯等局部建筑中的广泛应用，并在主图周围配有中国农民像、鹊鸟、陶瓷容器等图案。该书在题名页表明其出版恰顺应彼时的"中国风"热潮，并称"书中插图均在中国绘制完成，原型皆为中国真实设计"。图册中的建筑从总体上看，虽依稀有中国古建筑的身影，如檐角起翘、坡面多层顶、镂空木花格等，但仔细观察不难发现洛可可风味浓郁，很多细节存在一定扭曲，掺杂了画者的想象元素和审美取向，如外墙竖立的罗马式方柱，等比例的人偶雕塑，随处悬挂的风铎，花哨且随意点缀的纹饰等，和真实的中国建筑样貌有一定差距。再则，根据图册中建筑的外立面和平面图，若要将这些设计成功移植到户外环境中，唯有运用西方建筑材料方可实现，相悖于中国传统的砖木建筑结构。故此，所谓的"中国风"也只是当时东方异域风格的代名词，臆想和肆意拼贴仍是彼时追赶"中国热"流行设计样册的通病。

《中国建筑》除了迎合中国式建筑风尚，也积极发扬被英国人视为其本土风格的哥特式建筑特征，反映了当时建筑设计领域的折中主义，即多种建筑风格不严格区分及对立，中国风建筑上亦可混搭哥特式或洛可可式母题，这也体现了 18 世纪英国乃至欧洲建筑潮流的多元化。虽然文艺复兴后哥特建筑风格在英国丧失了主流地位，但它却一直延续着顽强的生命力。18 世纪英国人口的增长促进了城市化发展，同时刺激了国内的建筑热潮，建筑风格的选择更具自主性，英国人对代表着其民族主义情怀的哥特风情有独钟，萌发了新一阶段的哥特式建筑复兴，同时期的一些建筑设计师尝试借助源自中国的"如画"美学观，在庄园府邸中加入哥特元素，象征

性复活中世纪建筑。

《哥特式建筑与装饰》结构为两部分，各含 12 幅铜版画。前一部分是诸般哥特风单体建筑及其局部构造的设计样图，通过运用尖顶、拱门、玻璃窗、十字架等哥特式标志性装饰元素，重新营造出中世纪建筑垂直高耸的神秘感，在题名页作者提议这些建筑可巧妙搭配粗犷的树根枝干作装饰，不失为一种全新的尝试。后一部分展示了数十种适用于围篱、栏杆、门窗、家具等领域的格纹装饰样式。这些设计为哥特风在世俗建筑上的运用提供了参考。

关于作者保罗·达克，可查询到的信息较少。根据《牛津建筑词典》（*The Oxford Dictionary of Architecture*），保罗·达克似乎仅是假托名，且《中国建筑》中的铜版画也有不少借鉴先前出版物的痕迹。其中，《中国建筑：民用与装饰》第一部分的 24 幅版画中，有 21 幅源自乔治·爱德华兹（George Edwards）和马蒂亚斯·达利（Matthias Darly）于 1754 年出版的《中国设计新书》（*A New Book of Chinese Designs*），保罗·达克对原插图未做任何更改，仅是在插图主体的周围添绘风景作背景，使画面更丰富，对园景整体布置具有一定借鉴作用。

另外几部分版画是否源自其他著作，暂无法查证。通过 WorldCat 检索书名，发现本书作者多被认为是德国工艺大师老保罗·达克（Paul Decker the Elder, 1677-1713），或德国纽伦堡雕刻师小保罗·达克（Paul Decker the Younger, 1685-1742），但通过比对本书的出版时间和上述两位的生卒年份，可推测其身份并不相符，或是托名此二位所著。

《中国建筑》是笔者目前可查到的以 "P. Decker, Architect" 署名的唯一作品，它在研究 18 世纪欧洲 "中国风" 的文献里屡被提及。虽然书中设计或是对前人作品的汇编再现，但从侧面彰显了当时 "中国风" 在欧洲的盛况，我们也得以有更多视角窥探经欧洲人理想化处理后的中国建筑印象。虽然书中这些对东方审美的尝试看似不伦不类，但不可否认，《中国建筑》的出版是 18 世纪建筑领域 "东学西传" 重要的历史见证。

（作者为上海图书馆历史文献中心助理馆员）

CHINESE ARCHITECTURE,

Thomas *Civil and Ornamental.* *Brown 1764*

Being a Large

COLLECTION

OF THE

Moft Elegant and Ufeful Defigns of PLANS and ELEVATIONS, &c.

FROM THE

Imperial Retreat to the fmalleft *Ornamental Building* in *CHINA.*

Likewife their

MARINE SUBJECTS.

The Whole to adorn Gardens, Parks, Forefts, Woods, Canals, &c.

Confifting of great Variety, among which are the following, *viz.*

Royal Garden Seats, Heads and Terminations for Canals, Alcoves, Banqueting Houfes, Temples both open and clofe, adapted for Canals and other Ways, Bridges Summer-Houfes, Repofitories, Umbrello'd Seats, cool Retreats, the Summer Dwelling of a Chief Bonza or Prieft, Honorary Pagodas, Japaneze and Imperial Barges of CHINA.

ALSO

Thofe for the Emperor's Women, and principal Officers attending on the Emperor, Pleasure Boats &c.

To which are added,

CHINESE FLOWERS, LANDSCAPES, FIGURES, ORNAMENTS, & C.

The Whole neatly engraved on Twenty-Four Copper-Plates, from real Designs drawn in China, Adapted to this Climate, by

P. DECKER, Architect

Printed for the AUTHOR, and Sold by Henry Parker and Elizabeth Bakewell, opposite Birchin-Lane and H Piers and Partner, at the Bible and Crown

MDCCLIX.

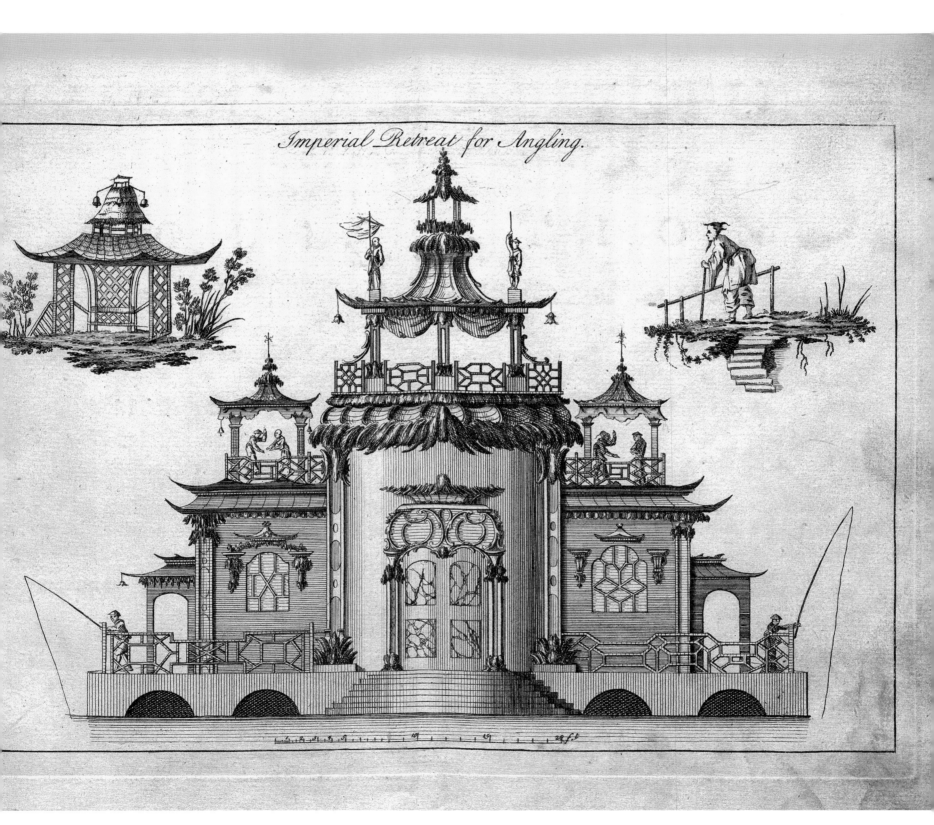

Imperial Retreat for Angling.

Royal Garden Seat.

Head of a Canal or Termination of a Visto.

Alcove & Gallery in the Front of a Banqueting House.

Temple Fronting a Cascade.

Magnificient Bridge.

^d Part

Summer House

Repository

7

Temple

Garden Seat

Umbrelloe Seat.

Garden Temple.

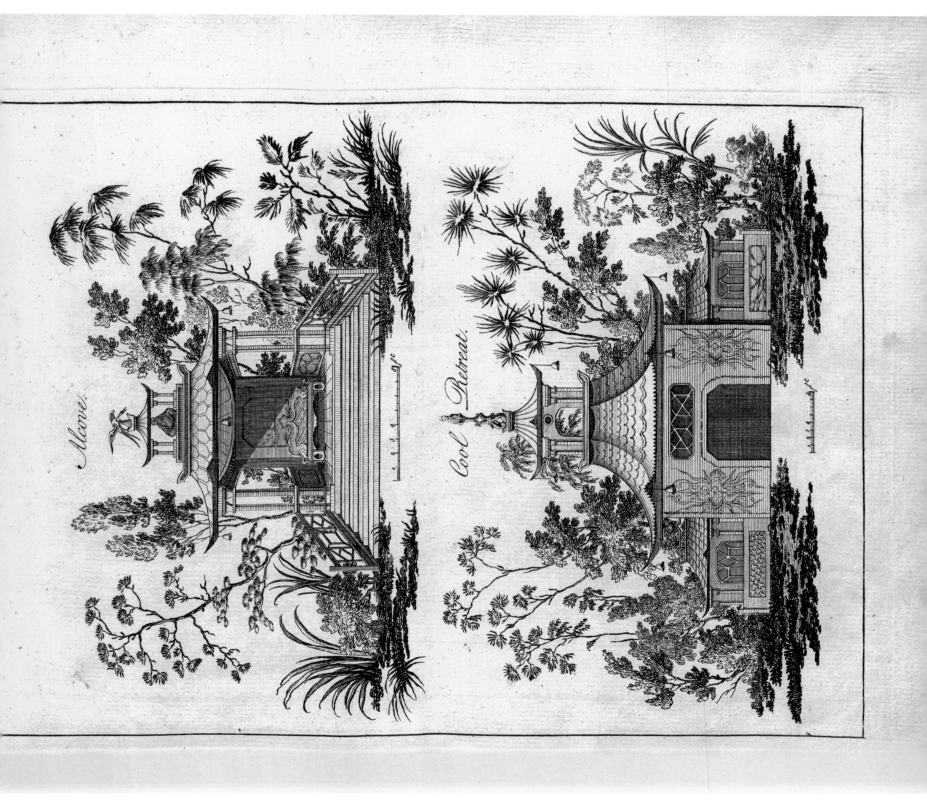

Summer Dwelling of a Chief Bonzee or Priest.

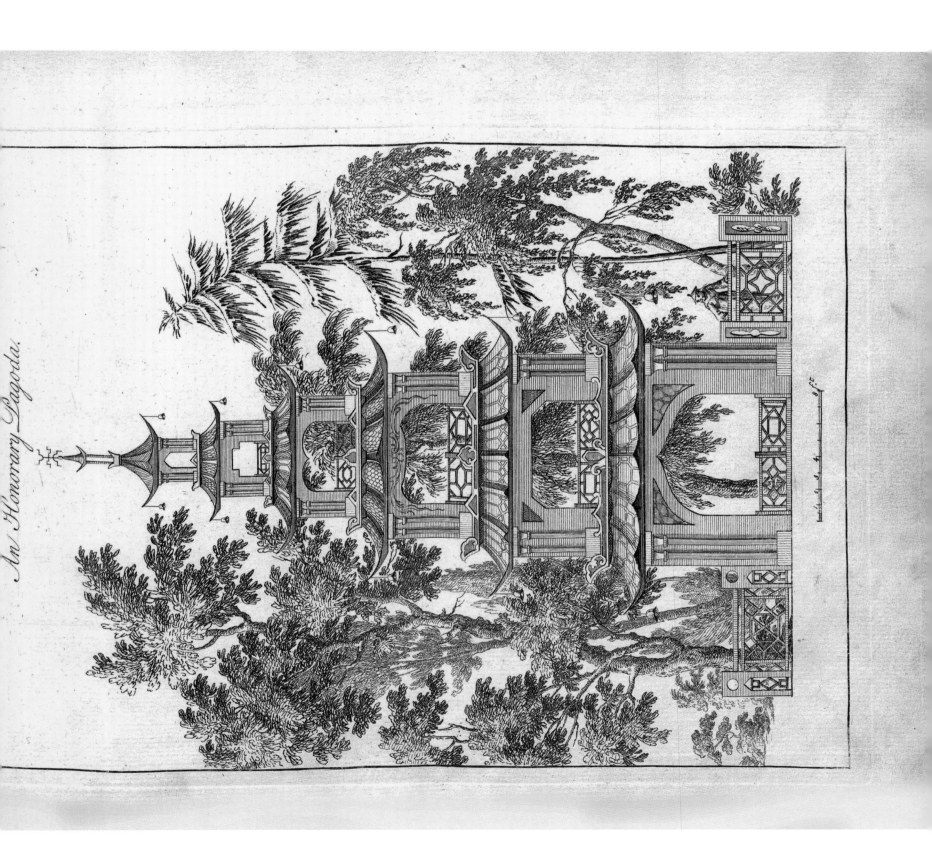

An Honorary Pagoda.

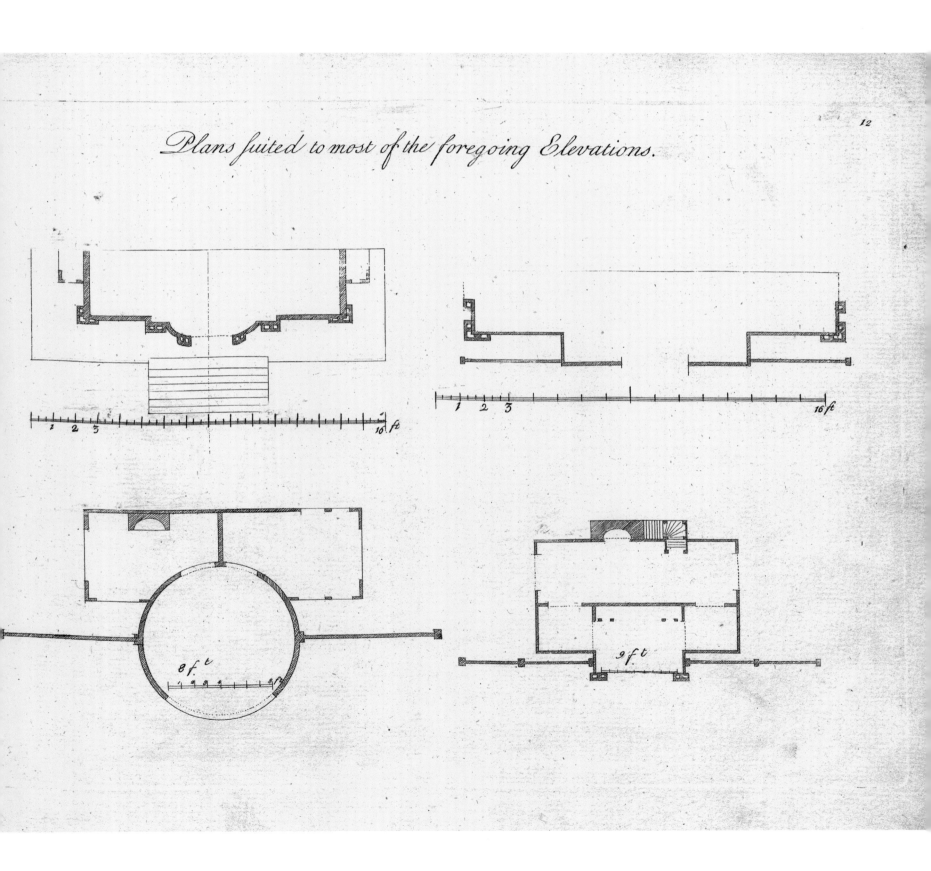

12

Plans suited to most of the foregoing Elevations.

3.^d Part

Japaneze Barge.

Imperial Barge of China.

A Barge for the Emperor's Women.

Barge with the principle Officers &c. Attending on the Emperor.

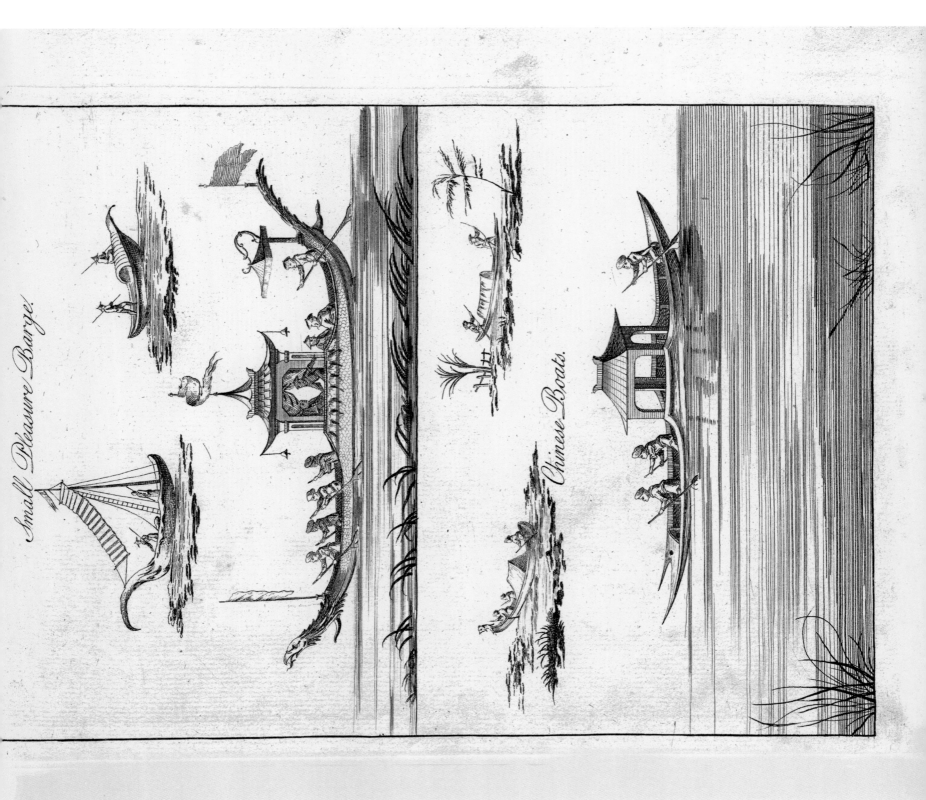

The Chinese method of Taking certain Fowl

Chinese Subjects Used in Painting of Silks.

Painted on Jars and other Large Vessels.

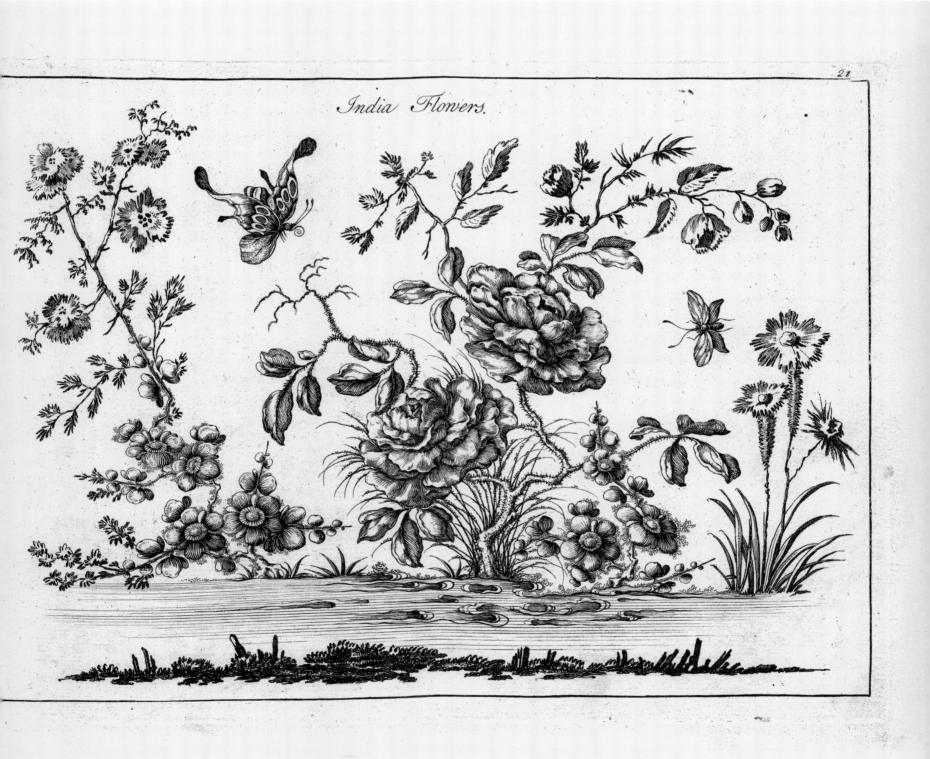

India Flowers.

22.

Chinese manner of filling the Compartments on their Porcelain &c.

Romantic Rocks form'd by Art to Embellish a Prospect.

24

Chinese Landscape.

CHINESE ARCHITECTURE.

PART the SECOND.

Being a Large

COLLECTION

OF

DESIGNS

OF THEIR

PALING of different Kinds, LATTICE WORK, &c.

FOR

Parks, Paddocks, Terminations for Viftos, Ha Ha's, Common Fence and Garden, Paling, both clofe and open, *Chinefe* Stiles, Stair-Cafes, Galleries, Windows, &c.

To which are added,

Several Defigns of *Chinefe* Veffels, Ewers, *Ganges* Cups, Tureens, Garden Pots, &c,

The Whole neatly engraved on TWELVE COPPER-PLATES, from real *Chinefe* Defigns, improved by

P. DECKER, Architect.

LONDON:

Printed for the AUTHOR, and Sold by HENRY PARKER and ELIZABETH BAKEWELL, oppofite *Birchin-Lane*, in *Cornhill*; and H. PIERS and Partner, at the Bible and Crown, near *Chancery-Lane*, *Holborn*. MDCCLIX. Price 3 *s*.

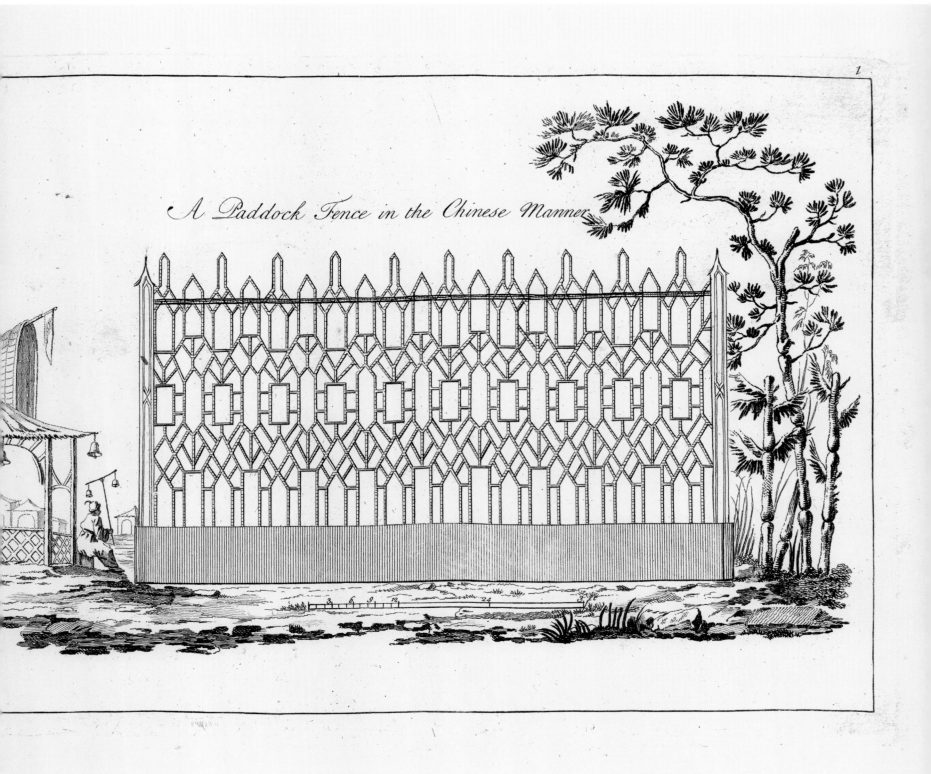

A Paddock Fence in the Chinese Manner

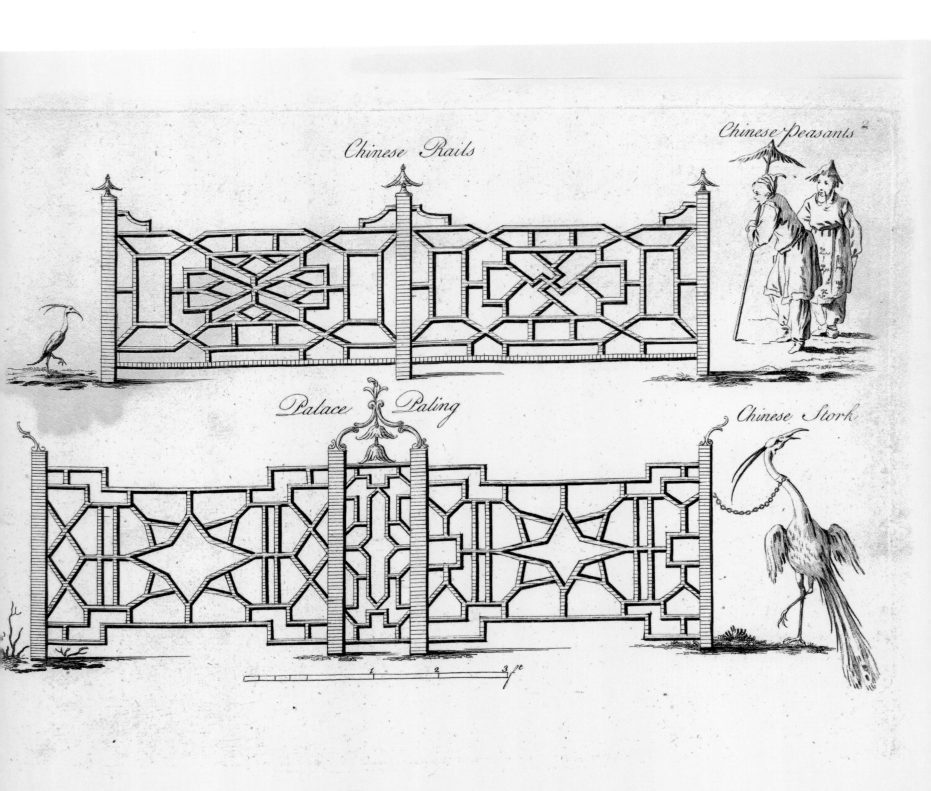

Chinese Rails

Chinese Peasants

Palace Paling

Chinese Stork

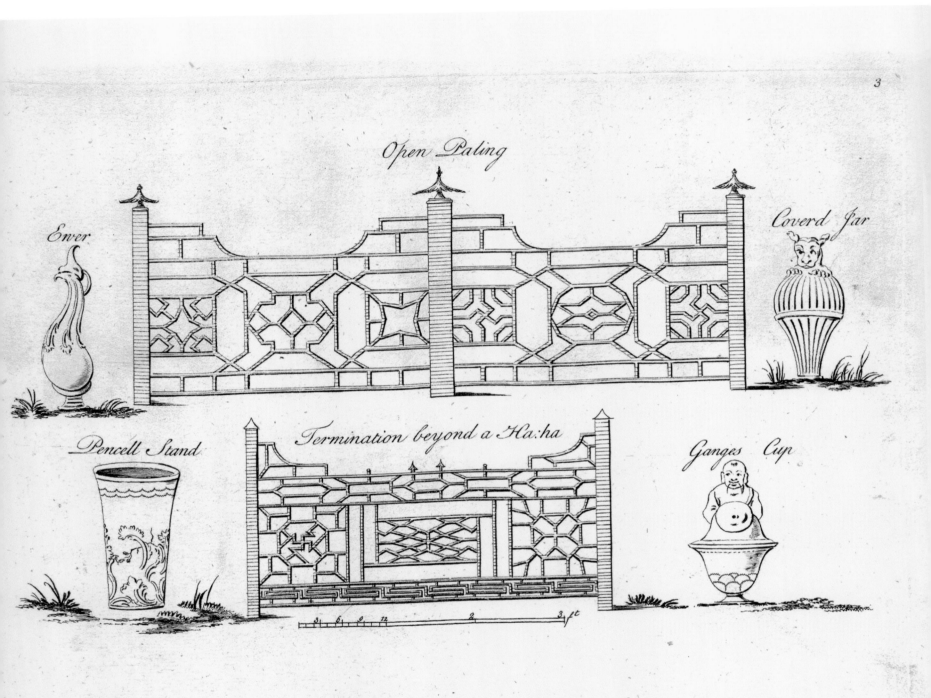

Open Paling

Ewer

Coverd Jar

Pencell Stand

Termination beyond a Ha:ha

Ganges Cup

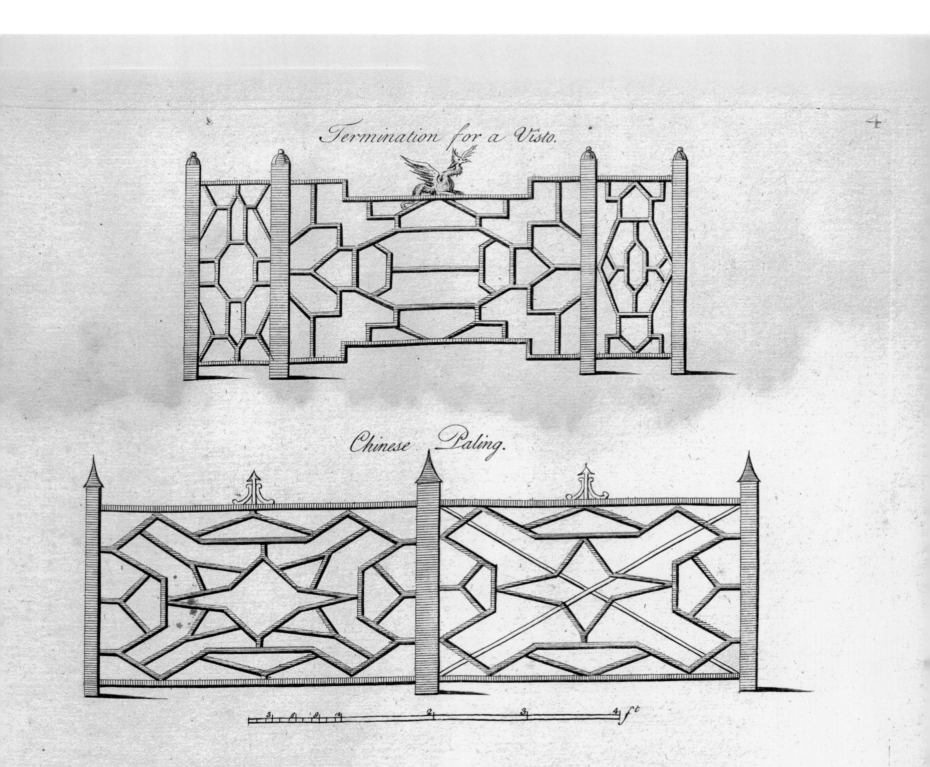

Termination for a Visto.

Chinese Paling.

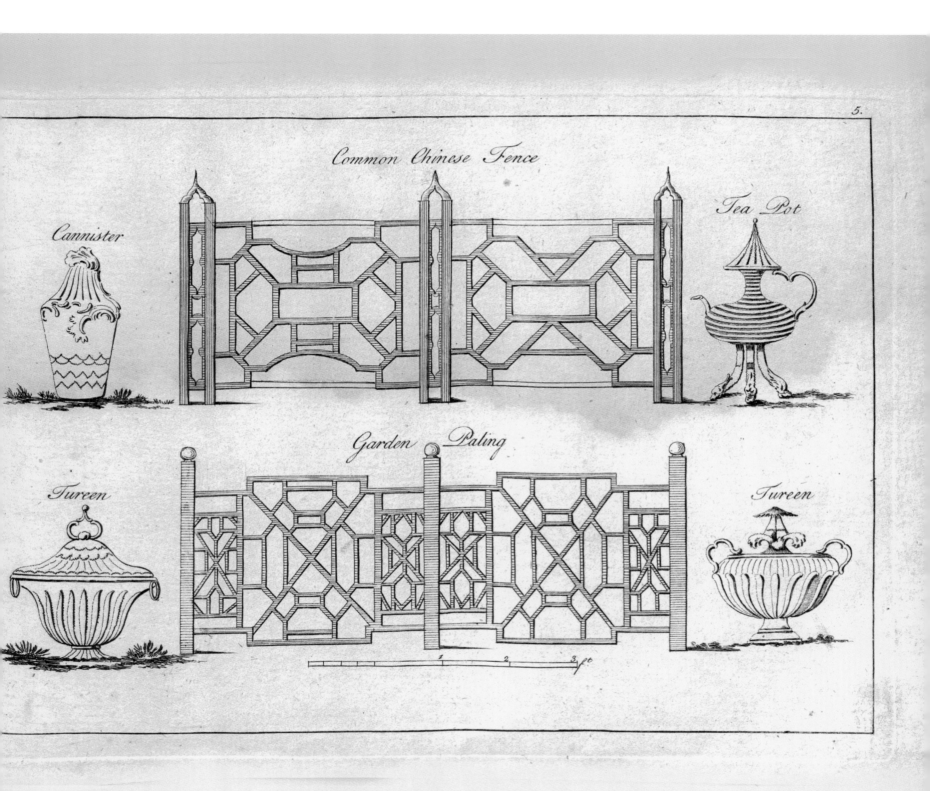

Common Chinese Fence

Cannister

Tea Pot

Tureen

Garden Paling

Tureen

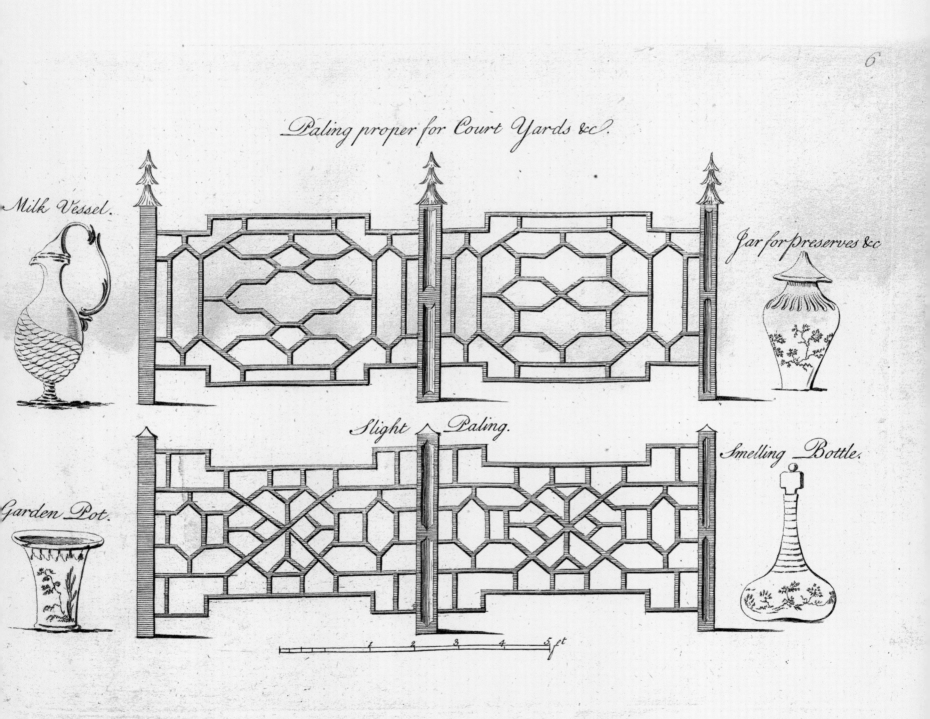

Paling proper for Court Yards &c.

Milk Vessel.

Jar for preserves &c.

Slight Paling.

Garden Pot.

Smelling Bottle.

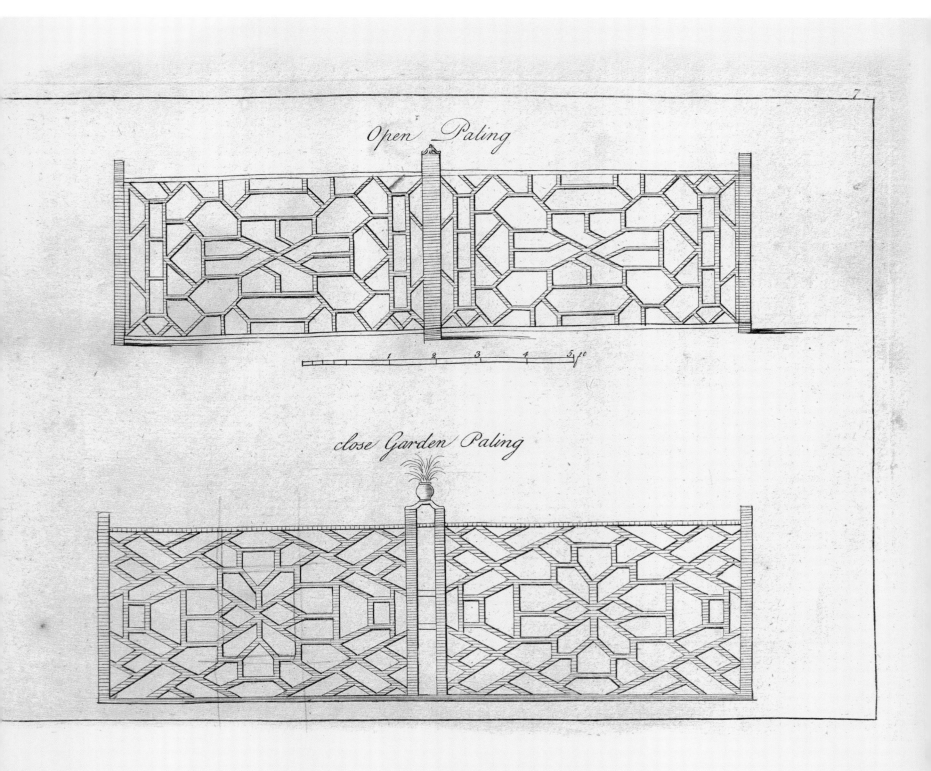

Open Paling

close Garden Paling

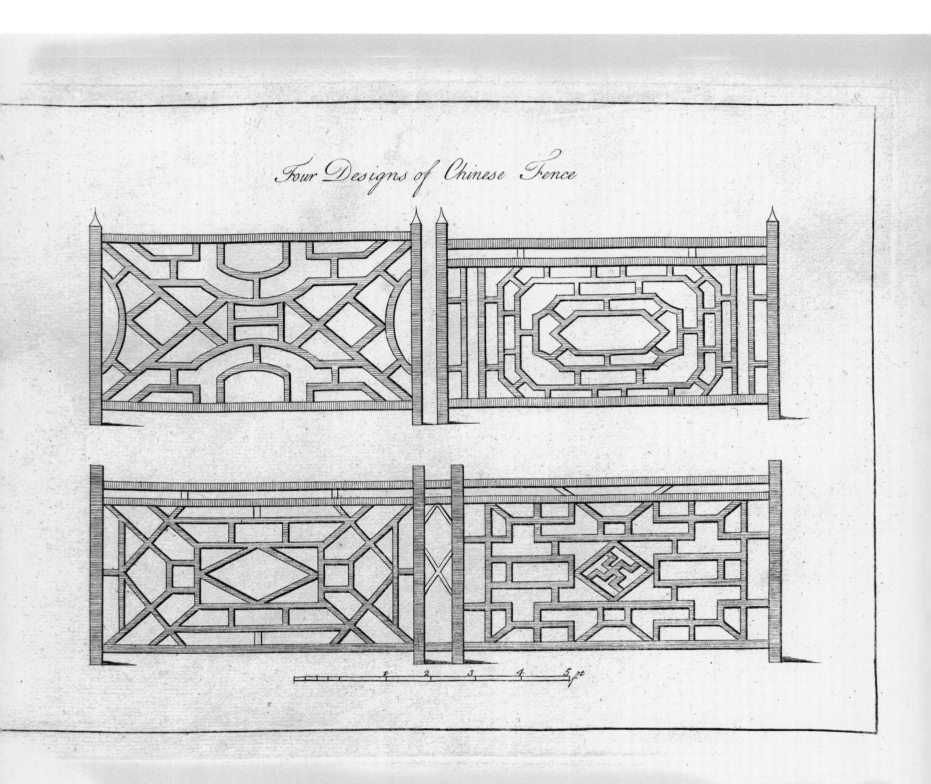

Four Designs of Chinese Fence

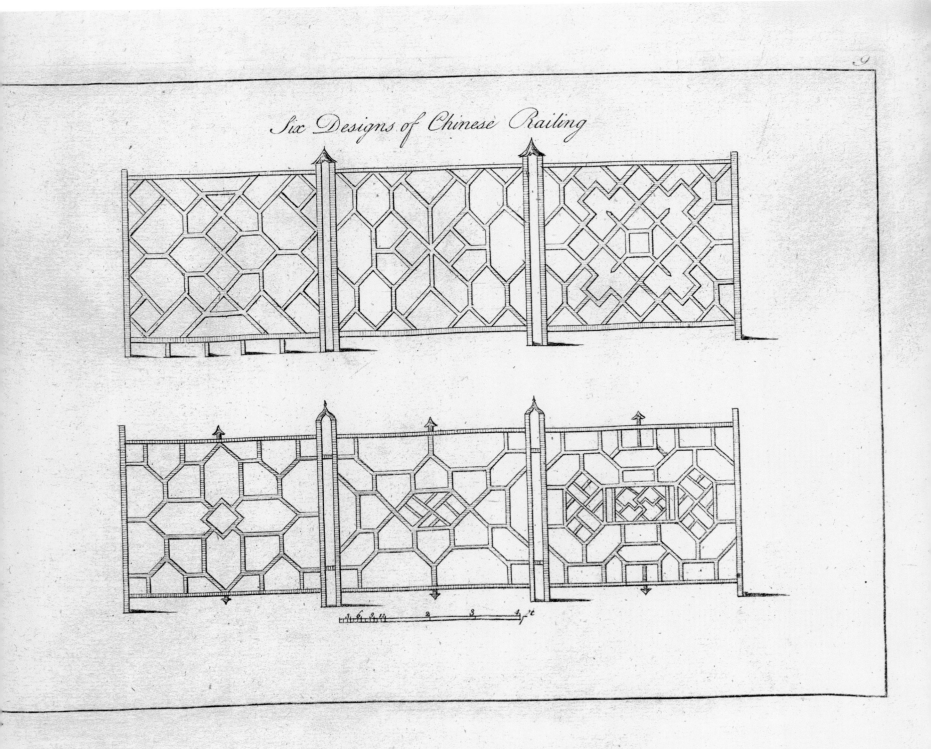

Six Designs of Chinese Railing

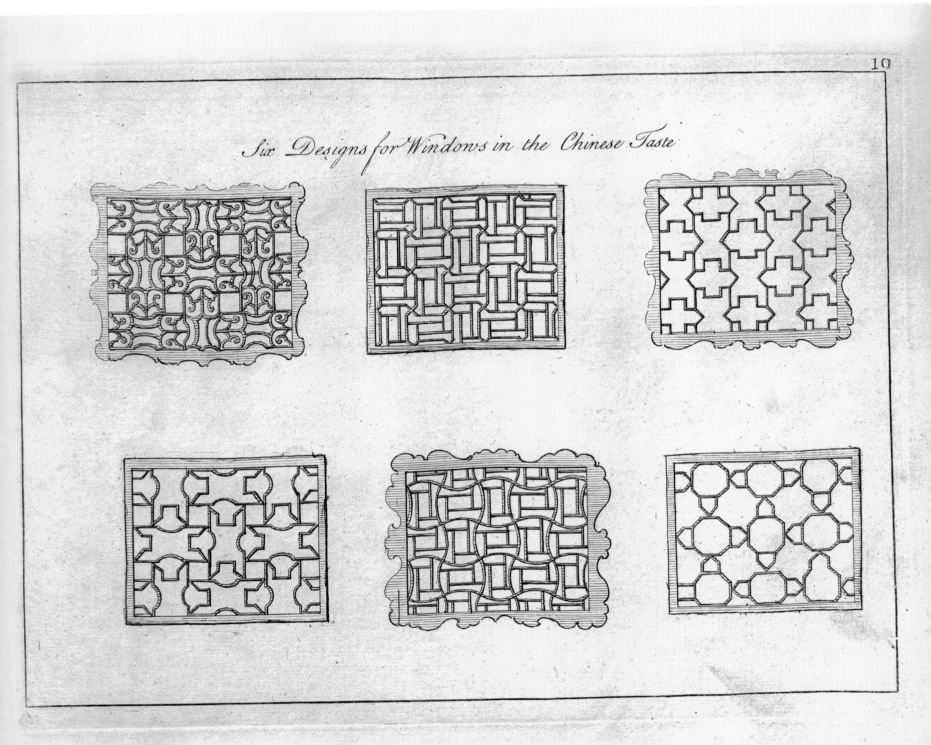

Six Designs for Windows in the Chinese Taste

Chinese Gallery

Stair Cases

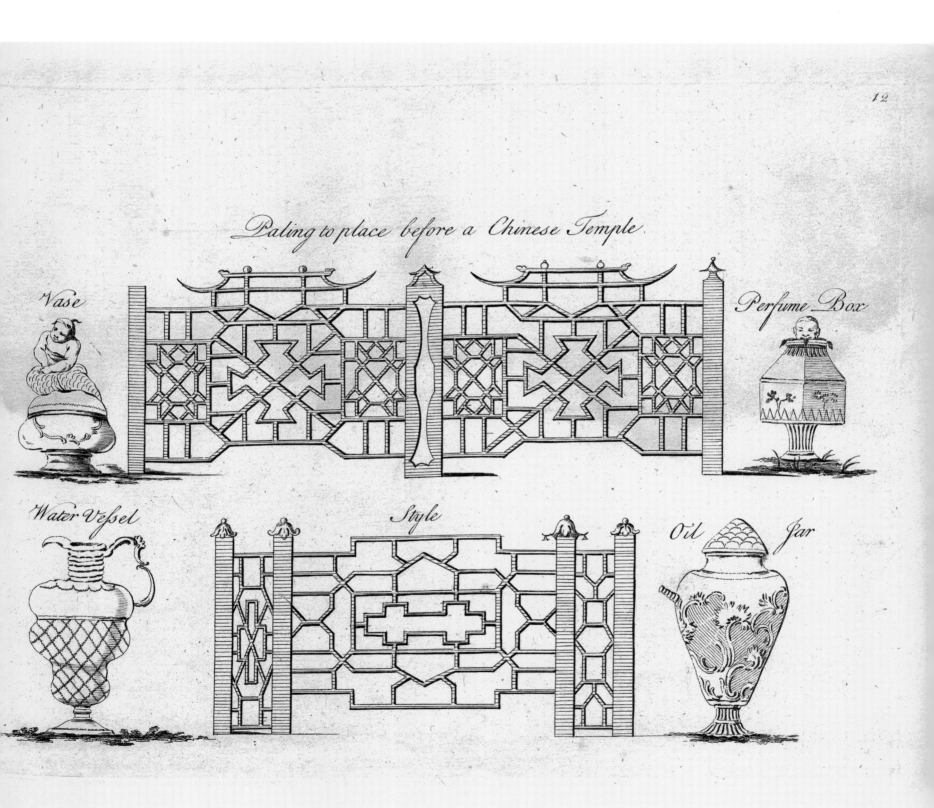

12

Paling to place before a Chinese Temple.

Vase

Perfume Box

Water Vessel

Style

Oil Jar

GOTHIC ARCHITECTURE
DECORATED.

Confifting of a Large

COLLECTION

OF

Temples, Banqueting, Summer and Green Houfes; Gazebo's, Alcoves; Faced, Garden and Umbrello'd Seats; Terminari's, and Ruftic Garden Seats; Rout Houfes, and Her-mitages for Summer and Winter; Obelifks, Pyramids, &c.

Many of which may be executed with Pollards, Rude Branches and Roots of Trees.

Being a Tafte entirely NEW.

LIKEWISE

DESIGNS of the *Gothic* Orders, with their proper Ornaments,

AND

RULES for DRAWING them.

The Whole engraved on TWELVE COPPER PLATES.

Defigned by

P. DECKER, Architect.

LONDON:

Printed for the AUTHOR, and Sold by HENRY PARKER and ELIRABETH BAKEWELL, oppofite *Birchin Lane, Cornhill*; H. PIERS and Partner, at the Bible and Crown, near *Chancery-Lane*, in *Holborn*. MDCCLIX. Price 4 s.

A Gothic Temple with Fassedde Seats Attach'd.

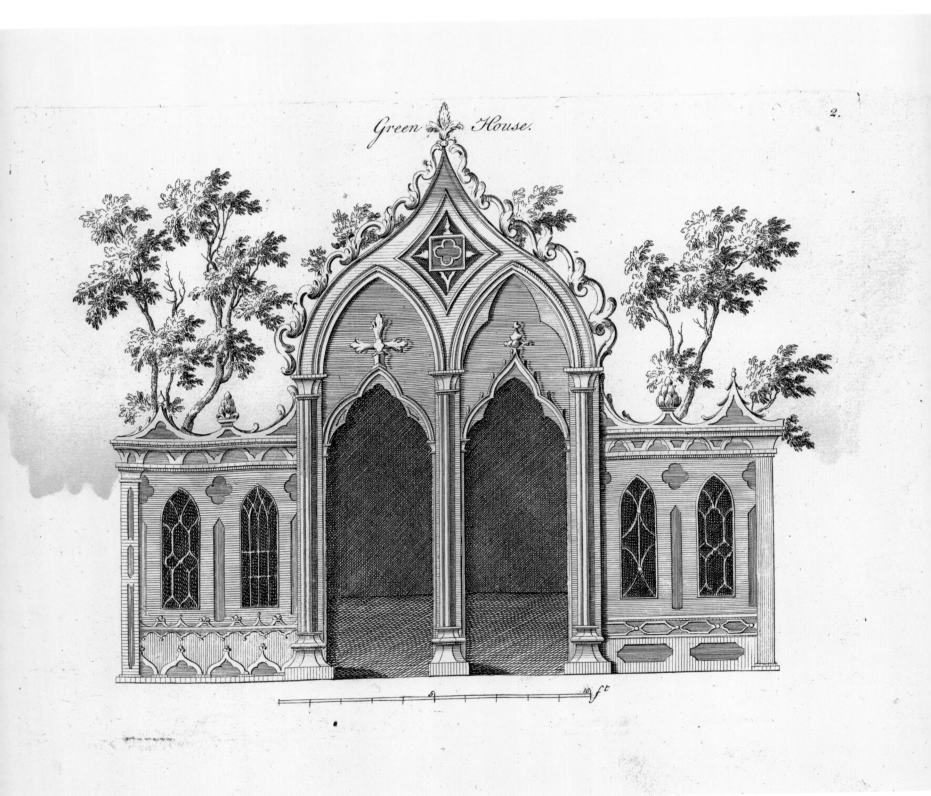

Green House.

Gothic Entrance to a Moat.

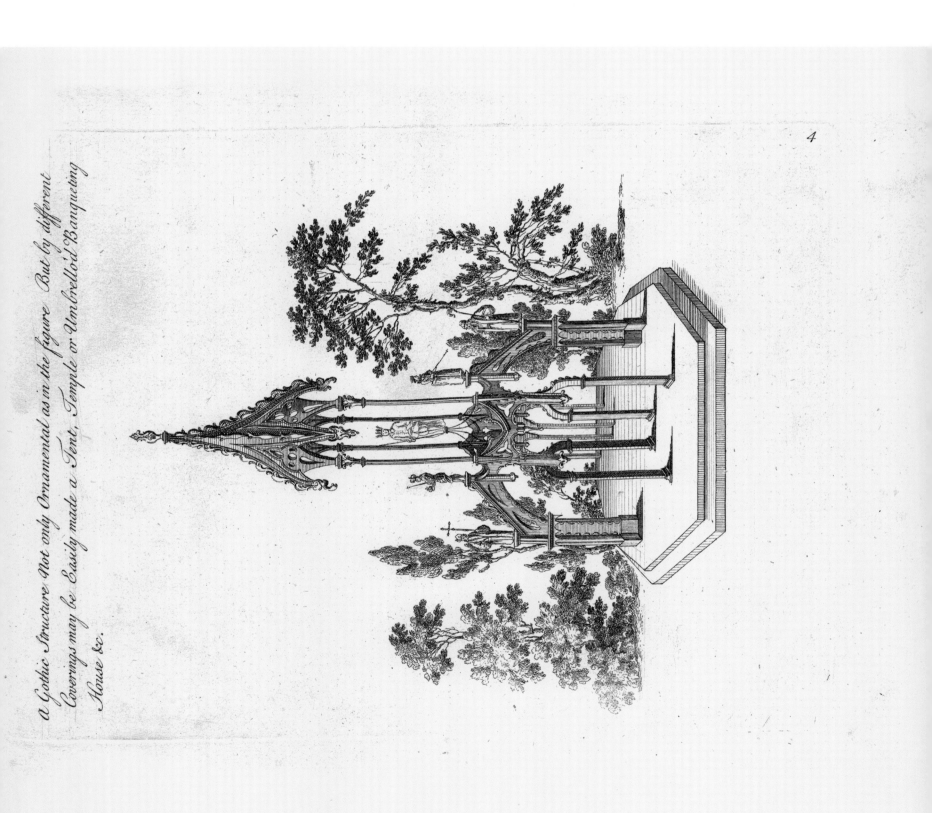

A Gothic Structure Not only Ornamental as in the figure   But by different
Coverings may be Easily made a Tent, Temple or Umbrelled Banqueting
House &c.

4

Capital.

Base.

Cornice.

Entablature.

Gothic Temple.

Terminary Seat.

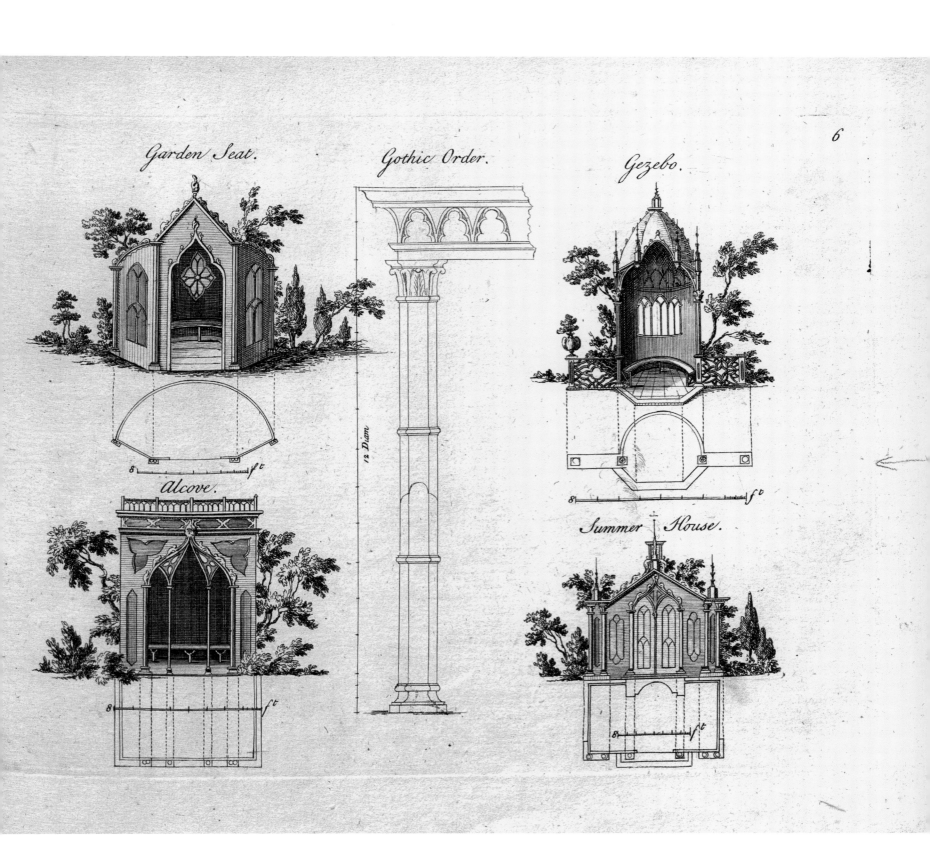

Garden Seat.

Gothic Order.

Gezebo.

Alcove.

Summer House.

Alcove   Seat.

7.

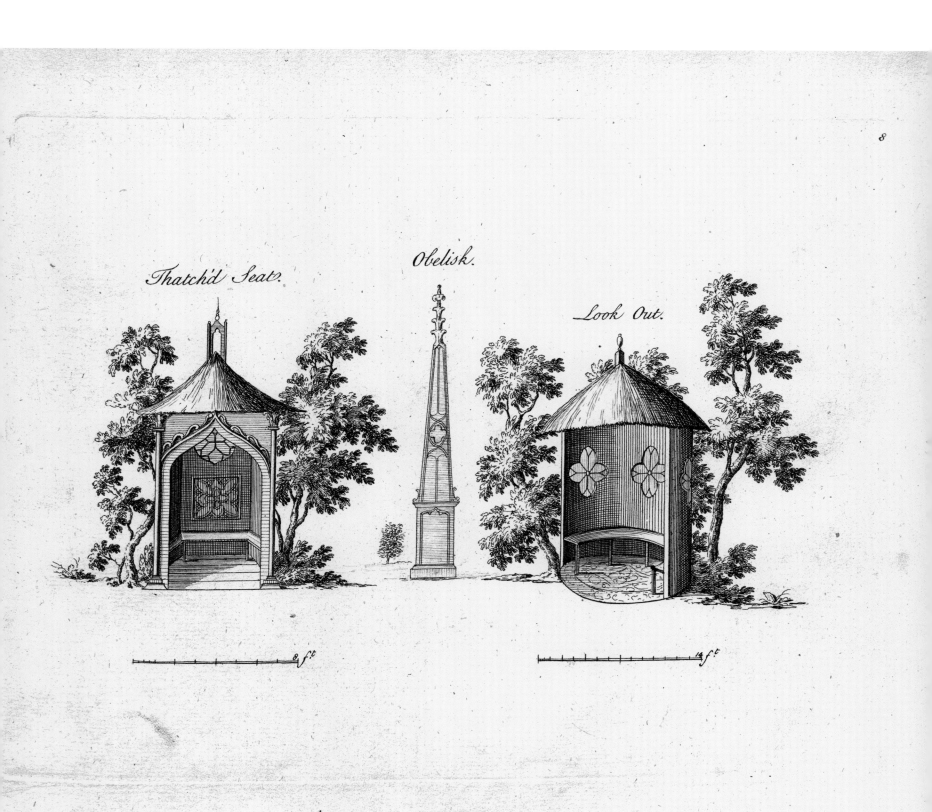

Thatch'd Seat.

Obelisk.

Look Out.

9

Rustic Garden Seat.

Alcove Seat.

Piramid of Pollard Tops

Hermitage

Summer Hermitage. Winter Hermitage.

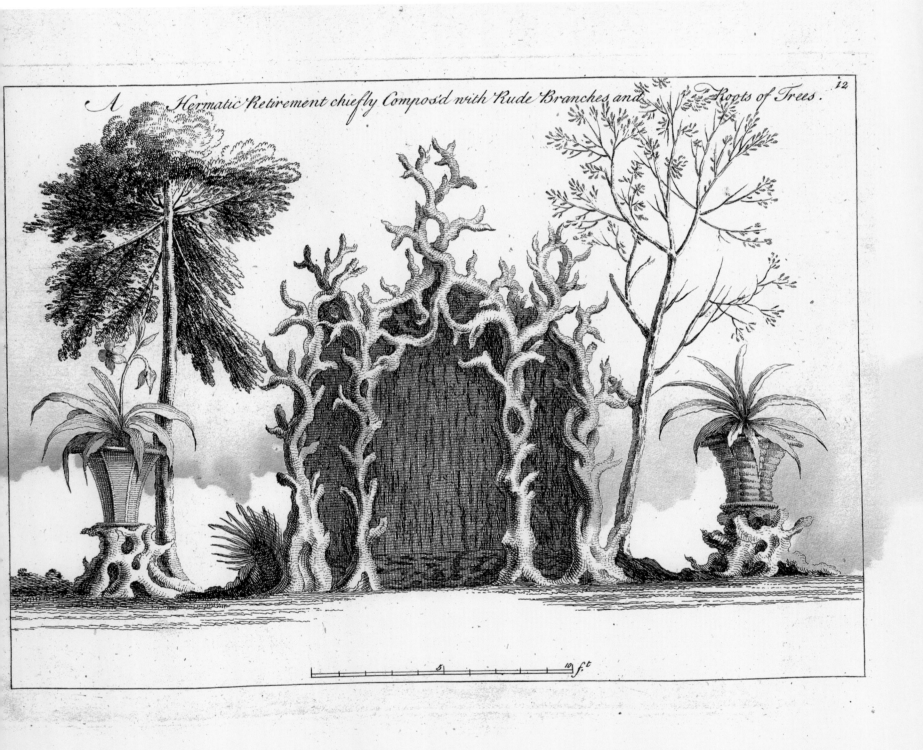

A Hermatic Retirement chiefly Compos'd with Rude Branches and Roots of Trees.

GOTHIC ARCHITECTURE,

PART the SECOND.

IN

Forty Three DESIGNS of PALING of various Sorts,

FOR

Parks and Clumps of Trees, Gates, Hatches, &c.

LIKEWISE

Doors and Windows, with proper Heads to them; Sashes of different Kinds, &c.

To which are added,

Several DESIGNS of FRETS for Joiners and Cabinet-Makers;

With FRETS and FRIZES for Smith's Work,

Brass and Iron Fenders, Borders for Marble Tables, &c.

The Whole neatly engraved on TWELVE COPPER-PLATES.

From the Designs of

P. DECKER, Architect.

LONDON:

Printed for the AUTHOR, and Sold by HENRY PARKER and ELIZABETH BAKEWELL, opposite *Birchin-Lane*, in *Cornhill*; and H. PIERS and Partner, at the Bible and Crow, near *Chancery-Lane, Holborn.* MDCCLIX. Price 3*s.*

Five different Designs of Gothic Railing Gates Hatches &c.

Four Designs of Gothic Gates and Paleing.

Four Designs of Gothic Railing.

3

4

Four different Designs of Gothic Paleing.

Three Designs of Gothic Rails.

Four Designs of Gothic Fence.

6

Frets for Friezes or Smiths Work.

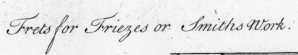

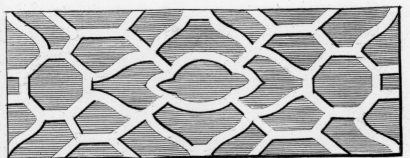

Open Frets for Brass & Iron Fenders, borders for Marble Tables &c.

Frets for Joyners Cabinet Makers and Smiths &c.

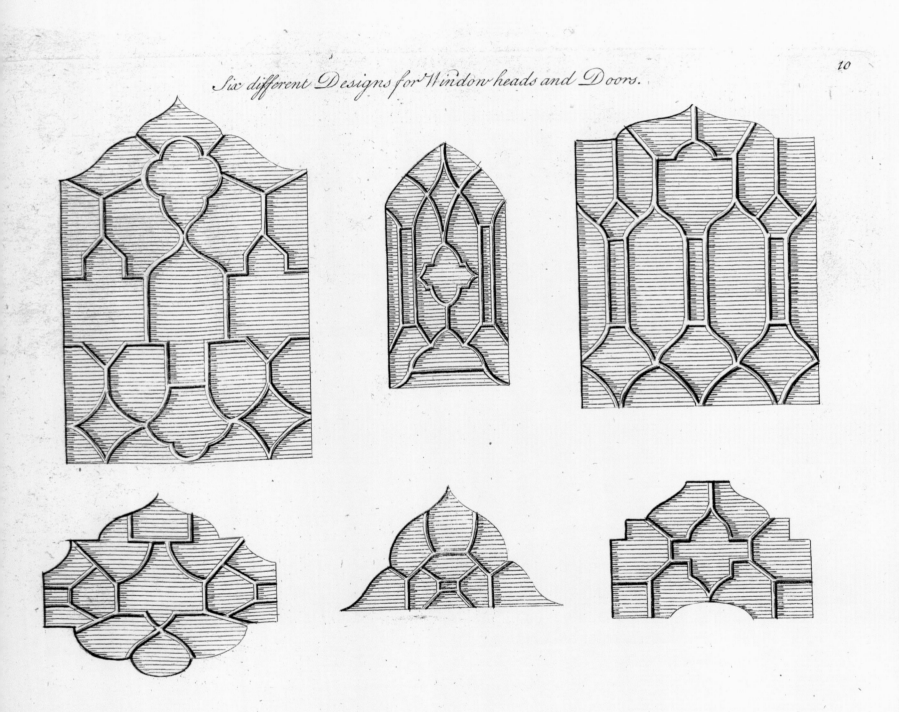

Six different Designs for Window heads and Doors.

10

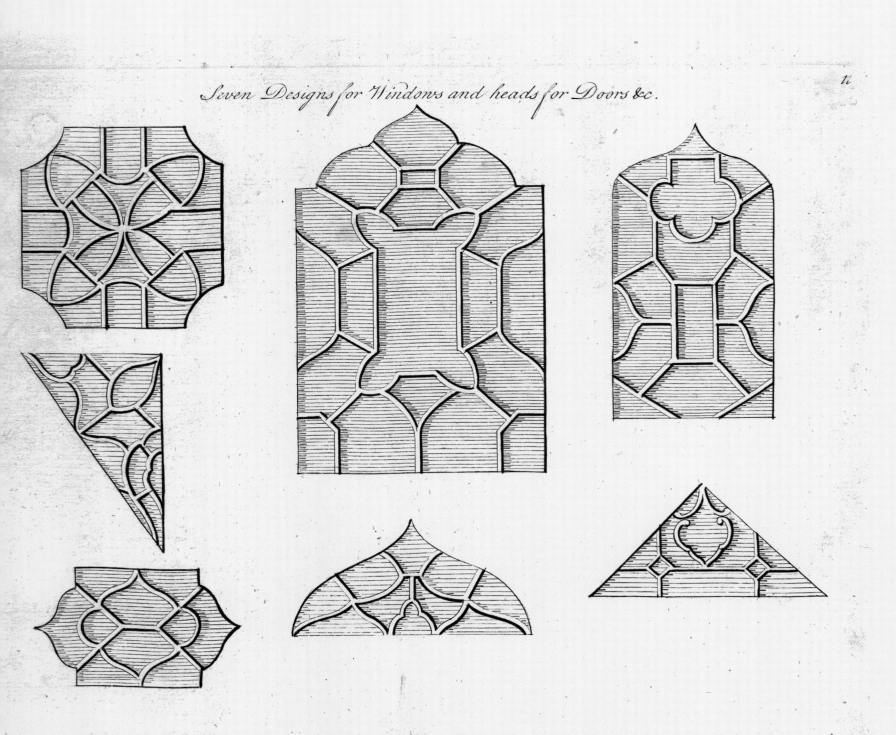

Seven Designs for Windows and heads for Doors &c.

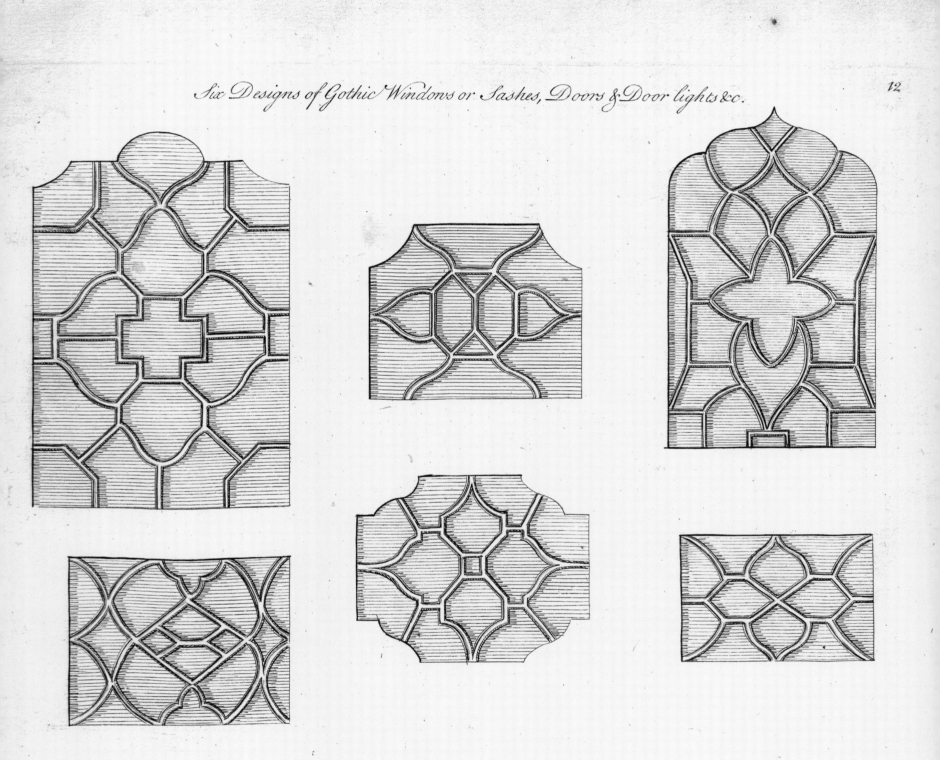

Six Designs of Gothic Windows or Sashes, Doors & Door lights &c.

12

N

Chinese Architecture

图书在版编目（CIP）数据

中国建筑 /（英）保罗·达克著；徐锦华主编.
--上海：上海古籍出版社，2023.6
（徐家汇藏书楼珍稀文献选刊）
ISBN 978-7-5732-0614-5
Ⅰ.①中… Ⅱ.①保… ②徐… Ⅲ.①建筑史—
中国Ⅳ.①TU-092
中国国家版本馆CIP数据核字（2023）第032056号

丛书主编：徐锦华
丛书总序：董少新
本册导言：杨明明

责任编辑：虞桑玲
装帧设计：严克勤
技术编辑：隗婷婷

徐家汇藏书楼珍稀文献选刊
中国建筑
Chinese Architecture

［英］保罗·达克（Paul Decker）著

上海古籍出版社出版发行
（上海市闵行区号景路159弄1-5号A座5F　邮政编码201101）
（1）网址：www.guji.com.cn
（2）E-mail: guji@guji.com.cn
（3）易文网网址：www.ewen.co

印刷：上海丽佳制版印刷有限公司

开本：787×1092毫米　1/8
插页：5　印张：17.5　　字数：136千字
版次：2023年6月第1版　2023年6月第1次印刷
ISBN 978-7-5732-0614-5 / J·674
定价：398.00元